Sitzungsberichte
der
Heidelberger Akademie der Wissenschaften
Stiftung Heinrich Lanz
Mathematisch-naturwissenschaftliche Klasse

*) *Jahrgang 1921 erschien im Verlage von Carl Winters Universitätsbuchhandlung in Heidelberg.*

Im Verlag von Walter de Gruyter & Co. vormals G. J. Göschen'sche Verlagshandlung — J. Guttentag, Verlagsbuchhandlung — Georg Reimer — Karl J. Trübner — Veit & Comp., Berlin erschienen:

Abteilung A. Mathematisch-physikalische Wissenschaften.

Jahrgang 1922: 3 Hefte.

Jahrgang 1923: 5 Hefte.

Jahrgang 1924.

1. Th. Curtius und A. Bertho. Einwirkung von Stickstoffkohlenoxyd und von Stickwasserstoffsäure unter Druck auf aromatische Kohlenwasserstoffe. Reichsmark 0·50
2. Liebmann, Heinrich. Umkehrung des Variationsproblems der ebenen Affingeometrie. Reichsmark 0·60
3. Salomon, Wilhelm. Die Intensitäten alluvialer und diluvialer geologischer Vorgänge und ihre Einwirkung auf die pliocäne Rumpffläche des Kraichgaues und Odenwaldes. Reichsmark 1·20
4. Heffter, L. Zur absoluten Geometrie. Reichsmark 0·60
5. van Werveke, L. Über die Entstehung der lothringischen Lehme und des mittelrheinischen Lößes. Reichsmark 1·50
6. Krull, Wolfgang. Die verschiedenen Arten der Hauptidealringe. Reichsmark 0·50
7. Roeser, Ernst. Übergang von der nichteuklidischen Streckentrigonometrie zur Winkelmessung. Reichsmark 0·30
8. Wellstein, Julius. Zur Differentialgeometrie der isotropen Kurven. Reichsmark 1·50
9. Ewald Rudolf. Die geodynamischen Erscheinungen des krystallinen Odenwaldes als Beispiel einer geoisostatischen Ausgleichsschwingung. Reichsmark 1·50
10. Voelcker, Ilse. Über eine ganz junge Verwerfung bei Rauenberg im Kraichgau. Reichsmark 0·30
11. Liebmann, Heinrich. Die Aufschließung von Differentialinvarianten. Reichsmark 0·50

Abteilung B. Biologische Wissenschaften.

Jahrgang 1923.

1. Kossel, A. und R. E. Gross. Über die Darstellung und quantitative Bestimmung des Arginins. Reichsmark 0·30

Von Jahrgang 1925 ab findet die Trennung in Abteilung A und B nicht mehr statt.

(Fortsetzung siehe 3. Umschlagseite)

*) **Bestellungen auf solche Veröffentlichungen der math.-naturw. Klasse, welche früher im Verlag von Carl Winters Universitätsbuchhandlung in Heidelberg erschienen sind, nimmt auch der Verlag Walter de Gruyter & Co., Berlin, entgegen.**

Sitzungsberichte
der Heidelberger Akademie der Wissenschaften
Mathematisch-naturwissenschaftliche Klasse
Jahrgang 1929. 7. Abhandlung.

Machairodus latidens Owen
aus den altdiluvialen Sanden von Mauer a. d. Elsenz.

Von

L. Rüger
in Heidelberg

Mit 1 Figur.

Eingereicht am 24. Juni 1929

Berlin und Leipzig 1929

Walter de Gruyter & Co.

vormals G. J. Göschen'sche Verlagshandlung / J. Guttentag, Verlagsbuchhandlung / Georg Reimer / Karl J. Trübner / Veit & Comp.

Machairodus latidens Owen
aus den altdiluvialen Sanden von Mauer a. d. Elsenz.[1]

Das geologisch-paläontologische Institut erhielt kürzlich wiederum einen sehr bemerkenswerten Fund aus der Sandgrube am „Grafenrain", nämlich einen rechten oberen Eckzahn eines Machairodus. Das Stück lag etwa 2 m über dem Niveau der Sohle, der Erhaltungszustand entspricht in jeder Hinsicht dem der übrigen Mauerer Funde. Es handelt sich also keinesfalls etwa um ein aus älteren Schichten umgelagertes Fossil, eine Annahme übrigens, für die ganz allgemein sich in Mauer noch nie Belege beibringen ließen.

Machairodusreste aus dem europäischen Diluvium gehören zu den seltenen Funden. Aus Deutschland sind bisher noch keine diluvialen Machairodusreste bekannt geworden (wohl einige tertiäre), so daß das vorliegende Stück das erste ist. Aus England beschrieb OWEN (1846) und DAWKINS (1866) *Machairodus latidens Owen* in der Kent-Höhle. GERVAIS (1867) fand die gleiche Art in einer Höhle bei Baume (Jura), D'AULT DE MESNIL (cit. nach BOULE 1901) in der Gegend von Abbeville. BOULE (1901, s. ferner 1906) führt weiter diese Art von Montmaurin (Haut-Garonne) auf. Auch aus italienischen Höhlen wurden diluviale Machairodusreste bekannt (nach BOULE a. a. O.). Von Hundsheim in Österreich nennt TOULA (1906) *Machairodus latidens*; diese Funde werden später durch FREUDENBERG (1908, 1914) eingehend beschrieben. Schließlich beschreibt WOLDŘICH (1916, 1917) Machairodusreste aus einer Höhle unweit Brünn (*Machairodus moravicus Woldřich*).

Damit dürften die diluvialen Machairodusreste Europas erschöpft sein. Es fällt auf, wie WOLDŘICH mit Recht hervorhebt, daß im Gegensatz zu Europa Amerika eine viel stärkere Spezialisierung von Machairodus aufweist. Jeder neue diluviale Machairodusfund in Europa stellt damit angesichts des spärlichen Materials eine wesentliche Bereicherung unserer Kenntnis dieser eigenartigen Gattung dar.

---

[1]) Den hier beschriebenen und abgebildeten Zahn legte Herr W. SALOMON-CALVI der Akademie in ihrer Sitzung vom 14. Juni 1929 vor (s. den Jahresbericht der Akademie).

Die Spitze und ein Stück der Wurzel sind bei unserem Exemplar leider abgebrochen, die Bruchstellen sind ganz frisch und scharf, so daß die Beschädigung offensichtlich erst beim Ausgraben erfolgte.

Die Krümmung des Zahnes ist recht kräftig (vgl. auch die zum Schluß gegebenen Maße), ein Merkmal, welches er mit dem diluvialen *Machairodus latidens* und dem pliozänen *Machairodus crenatidens* teilt, ohne jedoch die Größe des letzteren zu erreichen. Im Gegensatz hierzu ist die Krümmung bei den übrigen Machairoduseckzähnen geringer. Außen- und Innenrand sind gezähnelt, jedoch in etwas verschiedener Weise. Ganz allgemein ist die Zähnelung des Innenrandes betonter, wobei am proximalen Teil die Zähnelung kräftiger ist (sowohl was Höhe als auch Breite des Einzelzähnchens anlangt), um gegen die Spitze schwächer zu werden, jedoch sehr gleichmäßig bleibt. Dies gleiche Verhalten zeigt auch *Machairodus latidens,* nicht aber *Machairodus crenatidens,* bei dem die Innenrandzähnelung auf ganzer Erstreckung gleichmäßig ist (vgl. die Zeichnungen bei Boule 1901, p. 560, 561, 564). Zu bemerken ist übrigens, daß bei dem englischen *Machairodus latidens* die verschiedene Stärke der Innenrandzähnelung kräftiger entwickelt ist als bei dem Mauerer Zahn.

In den eben geschilderten Merkmalen — Krümmung und Beschaffenheit der Innenrandzähnelung — ist der Hauptbeweis zu erblicken, daß man den Mauerer Zahn in den Formkreis von *Machairodus latidens Owen* stellt.

Wie schon erwähnt, ist die Zähnelung des Außenrandes schwächer als die des Innenrandes. Sie verschwächt sich aber weiter auch gegen den Schmelzunterrand, gegen den die gezähnelte Leiste in eine fast glatte übergeht. Weiter verläuft die Zähnelungsleiste des Außenrandes gegen den Schmelzunterrand schwach lingual, bildet also hier nicht mehr den äußersten Zahnteil.

Die Wurzel zeigt auf der lingualen Seite im unteren Teil eine längliche Vertiefung, auf der labialen Seite ist diese schwächer.

Zum Schlusse einige metrische Angaben (in mm):

Länge des Innenrandes (am Bogen) .	97,0
„ „ „ (als Sehne) .	91,0
„ „ Außenrandes (am Bogen) . .	105,0
„ „ „ (als Sehne) . .	94,6
Höhe am abgebrochenen Spitzenteil . .	17,0
Breite „ „ „ . .	7,7
Größte Höhe des Zahnes	31,6
„ Breite „ „	13,1

Endlich ist noch ein unterer zweiter linker Inzisiv zu nennen, der in gleicher Weise etwa 4—5 m von dem eben beschriebenen Machairodusrest gefunden wurde. Leider ist die Krone an beiden Seiten verletzt, so daß das Hauptmerkmal, die seitliche Zähnelung, nicht mehr erhalten ist. Doch erkennt man noch deutlich die beiderseitigen basalen Ansätze zur gezähnelten Kante. Die Maße sind folgende (in mm):

Länge	40,3
Breite am Schmelzunterrand	7,4
Höhe „ „	10,0
Abstand Wurzelspitze—Schmelzunterrand außen	27,6
„ „ „ innen	27,0

Die Zahngestaltung weist recht große Ähnlichkeit mit dem von Boule (1901, p. 565) abgebildeten J_2 mand. l von *Machairodus crenatidens* auf, der Hauptunterschied liegt vor allem in dem beim Mauerer Zahn anscheinend stärker entwickelten seitlichen Zacken. Für einen Zahn von *Felis leo fossilis* erscheint er zu groß, so daß ich ihn, vorläufig mit Vorbehalt, ebenfalls zu Machairodus stellen möchte. Von einer Abbildung sei abgesehen und diese bei etwaigen besseren Funden nachgeholt.

Literatur.

1846 Owen, R.: History of british fossil mammals and birds. London.

1866 Dawkins, B. W. und Sanford, D.: Monograph of british pleistocaene mammalia. Teil IV. Pal. soc. 1866—1887.

1867 Gervais, P.: Zoologie et palaeontologie générales. Paris.

1901 Boule, M.: Revision des espèces européennes de Machairodus. Bull. de la soc. géol. de France.

1906 Boule, M.: Les grands chats des cavernes. Ann. de pal. I.

1906 Toula, T.: Über Gebiß und Nasenbeine vom Rhinozeros (Ceratorhinus Osborn) hundsheimensis. — Abh. d. k. k geol. R. A. Bd. XX. Wien.

1908 Freudenberg, W.: Die Fauna von Hundsheim in Niederösterreich. Jahrb. d. k. k. geol. R. A. Bd. 58. Wien.

1914 Freudenberg, W.: Die Säugetiere des ältesten Quartärs von Mitteleuropa. — Geolog. u. pal. Abh. N. F. Bd. 12.

1916 Woldřich, J.: Über die ersten Machaerodus-Funde im Höhlendiluvium von Mähren und Niederösterreich. Bull. int. de l'ac. des sc. de Bohême.

1917 Woldřich, J.: Machaerodus im Höhlendiluvium von Mähren und Niederösterreich. — C. f. Min. etc. 1917.

Jahrgang 1925.

1. Heffter, Lothar. Zur absoluten Geometrie II. Reichsmark 0·50
2. Roeser, Ernst. Die komplementären Figuren der nichteuklidischen Ebene. Reichsmark 0·50
3. Fladt, Kuno. Neuer Beweis f. d. Zuordnung von rechtwinkligem Dreieck und Spitzeck in der hyperbolischen Elementargeometrie. Reichsmark 0·30
4. Salomon, Wilhelm. Beobachtungen über Harnische. Reichsmark 0·70
5. Loewy, A. Beiträge zur Algebra. 1—4. Reichsmark 1·—
6. Hellpach, Willy. 2. Mitteilung zur Physiognomik der deutschen Volksstämme. Reichsmark 0·30
7. Loewy, Alfred. Neue elementare Begründung u. Erweiterung der Galois'schen Theorie. Reichsmark 2·—
8. Curtius, Theodor u. Bertho, Alfred. Einwirkung von Stickstoffkohlenoxyd und von Stickstoffwasserstoffsäure unter Druck auf aromatische Kohlenwasserstoffe. Reichsmark 0·40
9. Roeser, Ernst. Die gnomonische Projektion in der hyperbolischen Geometrie. Reichsmark 0·70
10. Rasch, G. Über die Ausnützung der Gezeiten des Meeres zur Energiegewinnung. Reichsmark 0·80
11. Salomon, Wilhelm. Magmatische Hebungen. Reichsmark 1·20
12. Pütter, A. Altersbestimmungen an Drachenbäumen von Tenerife. Reichsmark 0·90
13. Volk, Otto. Über geodätische rhombische Kurvennetze auf krummen Flächen, insbesondere auf Flächen konstanter Krümmung. Reichsmark 1·10
14. Roeser, Ernst. Die Fundamentalkonstruktion der hyperbolischen Geometrie. Reichsmark 1·40
15. Rüger, L. u. Rüger-Haas, P. Palaeosemaeostoma geryonides v. Huene sp. eine sessile Meduse aus dem Dogger von Wehingen i. W. und Medusina liasica nov. sp., eine coronatenähnliche Meduse aus dem mittleren Lias von Hechingen i. Württemberg. Reichsmark 1·50

Jahrgang 1926.

1. Krull, Wolfgang. Theorie und Anwendung der verallgemeinerten Abelschen Gruppen. Reichsmark 1·70
2. Klebs, Georg. Über periodisch wachsende tropische Baumarten. Reichsmark 1·20
3. Müller, Max. Über die Oberfläche von Flächenstücken. Reichsmark 1·20
4. Ernst, Max. Über Anlagen von Organen, die nicht zur Ausbildung gelangen. Reichsmark 0·50
5. Ernst, Emil. Die optischen Eigenschaften des Andesins von Bodenmais Reichsmark 1·10
6. Liepmann, Wilhelm. Leichengeburt bei Ichthyosauriern. Reichsmark 0·90
7. Klebs, Georg. Über die Längenperiode der Internodien. Reichsmark 2·40
8. Jost, L. u. v. Ubisch, G. Zur Windefrage. Reichsmark 0·80
9. Salomon, Wilhelm. Gibt es Gesteine, die für bestimmte Erdperioden charakteristisch sind? Reichsmark 0·30
10. Roeser, Ernst. Der reelle Übergang zwischen den beiden nichteuklidischen Geometrien und ihrem Parallelenbegriff. Reichsmark 1·20
11. Salomon, Wilhelm. Kugelförmige Absonderung. Reichsmark 0·80
12. Salomon, Felsenmeere und Blockstreuungen. Reichsmark 0·80
13. Salomon, Die Gruppendefinitionen in der Paläontologie. Reichsmark 0·90

Jahrgang 1927.

1. Loewy, Alfred. Neue elementare Begründung und Erweiterung der Galoisschen Theorie. Reichsmark 1·60
2. Liebmann, Heinrich. Rhombische Geradennetze im Raum. Reichsmark 1·—
3. Volk, Otto. Über geodätische Dreiecknetze auf Flächen konstanten Krümmungsmaßes. Reichsmark 1·80
4. Pütter, A. Chemische Reizwirkung und Giftwirkung. Mit einem mathematischen Anhang: Ein Diffussionsproblem von E. Trefftz. Reichsmark 2·40
5. Rembs, Eduard. Die Verbiegung des verlängerten Rotationsellipsoids. Reichsmark 1·60
6. Mayer, Adolf. Naturwissenschaftliche Ästhetik. Reichsmark 0·90
7. Mayer, Adolf. Naturwissenschaftliche Volkswirtschaftslehre. Reichsm. 0·80

8. Baer, R., Kapferer, H., Krull, W., Schmidt, F. K. Beiträge zur Algebra. Nr. 5—10. Reichsmark 6·20
9. Müller, Max. Über die Eindeutigkeit der Intregale eines Systems gewöhnlicher Differentialgleichungen und die Konvergenz einer Gattung von Verfahren zur Approximation dieser Integrale. Reichsmark 2·50
10. Freudenberg, Karl. Intramolekulare Umlagerung optisch-aktiver Systeme. Reichsmark 1·—
11. Roeser, Ernst. Abbildung der hyperbolischen Ebene auf die Kugel mittels der Beziehung zwischen Lot und Parallelwinkel. Reichsmark 1·—
12. Rüger, L. Die direkte gebirgsgetreue Übertragung der auf dem Universaldrehtisch gewonnenen Messungsergebnisse gebirgsorientierter Schliffe in das Diagramm. Reichsmark 1·20
13. Jost, L. Elektrische Potentialdifferenzen an der Einzelzelle. Reichsmark 1·90

Jahrgang 1928.

1. Rüger, L. Einige Bemerkungen zur Darstellung tektonischer Elemente, insbesonders von Klüften und Harnischen. Reichsmark 1·20
2. Herbst, Curt. Untersuchungen zur Bestimmung des Geschlechts. Ein neuer Weg zur Lösung des Geschlechtsbestimmungsproblems bei Bonellia viridis. Reichsmark 1·50
3. Merton, Hugo. Untersuchungen über die Entstehung amöbenähnlicher Zellen aus absterbenden Infusorien. Reichsmark 2·20
4. Baer, Reinhold. Zur Einordnung der Theorie der Mischgruppen in die Gruppentheorie. Reichsmark 2·20
5. Baer, Reinhold. Über die Zerlegungen einer Mischgruppe nach einer Untermischgruppe. Reichsmark 1·50
6. Roeser, Ernst. Komplementäre Körper der beiden nichteuklidischen Geometrien. Reichsmark 1·—
7. Krull, Wolfgang. Primidealketten in allgemeinen Ringbereichen. Reichsmark 1·10
8. Salomon, Wilhelm. Geologische Beobachtungen des Leonardo da Vinci. Reichsmark 0·90
9. Liebmann, Heinrich. Die Sätze von Lie und Gambier über Kurven eines Linienkomplexes. Reichsmark 0.90
10. Merz, K. W. Über den Wirkungsantagonismus von Blutkörperchen und Serum bei chemisch faßbaren biologischen Vorgängen. Reichsmark 1·20
11. Mühlbach, R. Über Raumkurven in der Möbius'schen Geometrie Reichsmark 1·20
12. Ernst, Paul. Wurzeln der Medizin. Reichsmark 1·50
13. Mayer, Adolf. Naturwissenschaftliche Apologetik des Christentums. Reichsmark 1·60
14. Baer, Reinhold. Beiträge zur Galoisschen Theorie. Reichsmark 1·80
15. Salomon, Wilhelm. Neue geologische Beobachtungen im Baitonegebiet des Adamello. Reichsmark 0.90
16. Erdmannsdörffer, O. H. Über Disthen-Andalusitparagenesen. Reichsm. 1·20
17. Schneidt, Max. Kurvennetze ohne Umwege. Reichsmark 1·30
18. Bopp, K. J. H. Lamberts und A. G. Kaestners Briefe aus den Gothaer Manuskripten herausgegeben. Reichsmark 2·20
19. Freudenberg, K. Zur Kenntnis des Fichtenholz-Lignins. Reichsmark 1·10

Jahrgang 1929:

1. Volk, Otto. Über Flächen mit geodätischen Dreiecksnetzen. Reichsm. 2·50
2. Schmidt, F. K., Krull, W., Breuer, S. Beiträge zur Algebra. Nr. 11—13. Reichsmark 1·80
3. Hieber, W., Zur Kenntnis der chemischen Reaktionen des Eisencarbonyls. Reichsmark 0·90
4. Salomon, Wilhelm. Gletscherbeobachtungen am Vadret Lischanna (Unterengadin). Reichsmark 1·—
5. Salomon, Wilhelm. Arktische Bodenformen in den Alpen. Reichsmark 2·50
6. Müller, Max. Über die Greensche Funktion des Laplaceschen Differentialausdruckes. Reichsmark 1·50
7. Rüger, L. Machairodus latidens Owen aus den altdiluvialen Sanden von Mauer a. d. Elsenz. Reicssmark 0·90

Druck: Hermann Böhlaus Nachfolger Hof-Buchdruckerei G. m. b. H. Weimar.

FSC
www.fsc.org
MIX
Papier | Fördert gute Waldnutzung
FSC® C083411

Zeitfracht Medien GmbH
Ferdinand-Jühlke-Straße 7
99095 Erfurt, Deutschland
produktsicherheit@kolibri360.de